AF587097

RAPPORT

SUR LES

CHAMPS DE DÉMONSTRATION

BLÉ D'HIVER 1886-1887

PAR

M. A. HOUZEAU

Directeur de la Station agronomique de la Seine-Inférieure

(2e ANNÉE)

ROUEN

IMPRIMERIE DE ESPÉRANCE CAGNIARD

88, rue Jeanne-Darc, 88.

MEMBRES DE LA COMMISSION DES CHAMPS DE DÉMONSTRATION

MM. le Préfet ;
Bret, secrétaire général ;
Lesouëf, député ;
Houzeau, directeur de la station agronomique, correspondant de l'Institut ;
Fortier, président du Comice agricole de l'arrondissement de Rouen ;
Burel, vice-président de la Société d'encouragement à l'agriculture de l'arrondissement du Havre ;
Saint-Requier, membre de la Chambre consultative d'agriculture de l'arrondissement d'Yvetot ;
Rasset, président du Comice agricole de l'arrondissement de Neufchâtel ;
Lacointe, président de la Société d'Agriculture de l'arrondissement de Dieppe ;
Dr Blanche, professeur départemental d'agriculture ;
Philippe, professeur départemental d'agriculture ;
Gautier, professeur départemental d'agriculture ;
Bornot, membre de la Société nationale d'encouragement à l'agriculture, propriétaire à Valmont ;
Breton, vice-président de la Société d'Agriculture de l'arrondissement de Dieppe ;
Grille, agriculteur, membre de la Société centrale d'agriculture ;
Mulot, propriétaire à Puys ;
Bordeaux, chef de division, secrétaire.

RAPPORT

SUR LES

CHAMPS DE DÉMONSTRATION

BLÉ D'HIVER 1886-1887

Monsieur le Préfet,

J'ai l'honneur de vous faire connaître les résultats pratiques obtenus sur les Champs de démonstration de la Seine-Inférieure pendant l'année 1887.

Ils ont trait à la culture du blé.

La production de cette céréale est fort importante dans la Seine-Inférieure, puisque ce département y consacre environ chaque année 121,000 hectares.

On sait que la France entière consomme annuellement plus de 100 millions d'hectolitres de blé et que pour satisfaire les besoins de sa population, elle doit dans les mauvaises années combler le déficit par des apports étrangers.

La production de cette céréale met en mouvement un capital énorme qui entre pour une part importante dans les 100 milliards de francs que l'agriculture française met en œuvre. (Tisserand, directeur au Ministère de l'agriculture.)

C'est pourquoi lorsque la récolte de blé est insuffisante, un trouble profond ne tarde pas à se manifester dans les relations commerciales. On l'a vu de 1854 à 1857 où par suite de ces mauvaises années de récolte, le pays a dû sortir un capital de plus de 800 millions pour l'achat à l'étranger de la quantité de blé nécessaire à sa nourriture pendant 85 jours, quantité représentant la charge de 10,000 navires.

Aussi, on l'a dit depuis longtemps, il n'y a pas de petit progrès en agriculture. C'est par centaines de millions que se traduit de suite la moindre amélioration positive apportée dans le rendement d'un hectare qui porte du blé. La France ne consacre-t-elle pas chaque année 7 millions d'hectares à cette culture?

De tous côtés, en Belgique, en Angleterre et même chez nous, des efforts considérables sont tentés pour faire donner à la terre son maximum de rendement. Des praticiens éclairés, utilisant les découvertes de l'agronomie, ont atteint le rendement inespéré de 59 et même de 67 hectolitres de blé par hectare. Sans doute, ils constituent encore de rares exceptions. Mais il suffit que ce rendement ait été atteint en grande culture, aussi bien en France que dans les pays étrangers, pour qu'il devienne un sujet d'émulation qui ne tardera pas à porter ses fruits.

Chez nous, le bon exemple est contagieux. Pour préciser, je dirai qu'il est sans conteste que M. Florimond Despretz, à Wattines (Nord), a obtenu en 1886, sur une culture expérimentale de 2 hectares, un rendement par hectare de 62 hectolitres de blé Schireff, à *épi carré*, pesant 80 kilos l'hectolitre, et cette année (1887) sur un champ de 10 hectares, semé en blé *jaune d'Australie*, le rendement s'est élevé à 67 hectolitres par hectare.

Ces faits ne sont pas chimériques. Aussi leur connaissance doit-elle donner du cœur aux praticiens qui ont foi dans le progrès. Je sais bien que de pareils rendements ne peuvent être obtenus que sur de très bonnes terres préparées de longue main et par des agriculteurs expérimentés qui appellent à leur aide toutes les ressources du savoir, toutes les données d'une pratique consommée et le concours d'un capital suffisant. Aussi je ne les rappelle que pour montrer que la terre est comme la machine à vapeur de l'industrie, un outil perfectible. Toute la question est de savoir et de pouvoir l'aménager à ses besoins.

Je ne veux pas dire qu'il soit économiquement possible de transformer une terre médiocre en une bonne terre et d'en tirer 40 hectolitres de blé alors qu'ordinairement elle en fournit 15 à 18. On ne peut donner du fonds à une terre qui n'en a pas. Mais il est possible, par des méthodes culturales appropriées, d'améliorer cette terre et d'augmenter son rendement d'une façon lucrative pour l'exploitant. On peut, par les moyens modernes et sans grands risques, faire rendre 23, 24 ou 25 hectolitres à la terre qui n'en donne ordinairement que 20; 34 à 35 à celle qui en fournit 30 et ainsi de suite.

C'est là la vraie question à l'ordre du jour : augmenter pratiquement le rendement de la terre.

Déjà, en 1884, M. Fouché père, dans un rapport fait à la Société centrale d'Agriculture de la Seine-Inférieure, s'exprimait ainsi :

« Le département de Seine-et-Oise a ensemencé » en blé, en 1884, 82,906 hectares ; il a récolté » 2,114,103 hectolitres, soit par hectare 25 hectolitres 50 au prix moyen de 17 fr. 50; la valeur de la » récolte d'un hectare de blé a été de 446 fr. 25.

» Dans la Seine-Inférieure, ce produit n'ayant été » que de 21 hectolitres 21 et le prix moyen de l'hectolitre n'ayant été que de 16 fr. 85, la valeur réelle par » hectare n'a été que de 357 fr. 39, et cette différence » en moins de 88 fr. 86 par hectare, appliquée à » 120,848 hectares, donne en perte pour la Seine-» Inférieure et pour une seule année, 10,738,853 fr. » (près de onze millions de francs.)

« Puissent vos conseils être suivis, vos constants » efforts et les expériences en cours, démontrer la pos-» sibilité pour la culture de la Seine-Inférieure de ne » pas rester stationnaire. »

L'ensemble des résultats obtenus cette année par les Champs de démonstration bien que fort satisfaisants (la moyenne du boni par hectare s'est élevée à environ 115 fr.) ne sauraient être comparés aux grands rendements du Nord.

Nous n'avons pas d'ailleurs cherché à résoudre le même problème.

Étant donné les conditions de notre travail cultural, de la situation financière du plus grand nombre de nos cultivateurs, c'est moins le grand rendement que nous avons cherché à atteindre, qu'un peu plus de rendement comparé au rendement fourni par le mode de culture ordinaire. Marcher lentement, c'est arriver sûrement.

De même que pour la culture de l'avoine nous nous sommes proposé de rendre tangible à tous, la possibilité d'augmenter le rendement de la terre par l'emploi des engrais chimiques. Que si par exemple on faisait par hectare une avance de 100 à 200 fr. de ces engrais et en main-d'œuvre supplémentaire il était possible de recueillir un excédent de récolte dépassant 100 ou 200 fr.

Pour se rendre compte de la dépense faite et de la valeur de la récolte obtenue, la Commission des Champs de démonstration, composée, on le sait, en majorité de praticiens fort distingués, a arrêté la base suivante pour le calcul de la dépense et des produits :

1° Un bon fumier de ferme moyen est coté à 8 fr. les 1,000 kil. et on estime qu'il n'y en a en général que les 2/3 qui sont utilisés par le blé, la première année.

Toutefois, lorsque le fumier employé aura été acheté, c'est le prix d'achat augmenté des frais de transport qui fixera la valeur en argent du fumier;

2° Dans la campagne, les frais de transport de la ferme aux champs des engrais chimiques et du fumier devront être estimés à 1 fr. les 1,000 kil.;

3° L'intérêt de l'argent pour l'achat des semences et des engrais sera porté à 4 % pour 12 mois;

4° La valeur moyenne du blé sera de 22 fr. le quintal (100 kil.);

5° Celle des balles et des pailles de 60 fr. les 1,000 kil.

C'est avec ces données que chaque Professeur départemental d'Agriculture a établi pour le Champ de démonstration qui le concerne, le tableau détaillé, qui, à titre de document à consulter, est annexé à ce rapport.

J'ai résumé ce travail dans un autre tableau d'ensemble facile à comprendre au premier coup d'œil.

Des conséquences importantes pour la culture de notre région découlent des faits exposés dans le tableau d'ensemble (tableau colorié A).

Il est démontré qu'en 1887, alors que l'été a été d'une sécheresse extrême, quatre Champs qui ont rèçu des engrais chimiques ont donné une récolte rémunératrice, c'est-à-dire que le prix de l'engrais a été bien plus que couvert par l'excédent de récolte.

Voici d'ailleurs en nombre rond l'importance, en argent, du boni obtenu par hectare :

Champ de démonstration	de Quevilly....	297 fr.
—	de Foucart....	118
—	de Envermeu...	146
—	de Monterollier.	68

Je ne comprends pas dans ces champs à boni un autre champ, le champ à blé schériff à épi carré dont

TABLEAU A

ECOLE DÉPARTEMENTALE D'AGRICULTURE

ET STATION AGRONOMIQUE DE LA SEINE-INFÉRIEURE

[illegible]

RÉSUMÉ DE LA RÉCOLTE A L'HECTARE

Toute la récolte a été battue et pesée

BLÉ D'HIVER 1886-1887

[illegible]

	1 ARRONDISSEMENT D'YVETOT		2 ARRONDISSEMENT DE DIEPPE		3 ARRONDISSEMENT DU HAVRE		4 ARRONDISSEMENT DE NEUFCHATEL		5 ARRONDISSEMENT DE ROUEN		6 ARRONDISSEMENT DE ROUEN		
	[illegible]		ENVERMEU		TOURVILLE [illegible]		MONTÉROLLIER		[illegible]		QUEVILLY		
	[illegible]	[illegible]	[illegible]	[illegible]	[illegible]	[illegible]	[illegible]	[illegible]	[illegible]	[illegible]	[illegible]	[illegible]	
[illegible]	[illegible]	[illegible]	[illegible]	[illegible]	[illegible]	[illegible]	[illegible]	[illegible]	[illegible]	[illegible]	[illegible]	[illegible]	[illegible]
PRODUIT TOTAL	[illegible]	[illegible]	[illegible]	[illegible]	[illegible]	[illegible]	[illegible]	[illegible]	[illegible]	[illegible]	[illegible]	[illegible]	PRODUIT TOTAL
[illegible]	[illegible]		[illegible]		[illegible]	[illegible]	[illegible]		[illegible]		[illegible]		[illegible]

[illegible]

CONCLUSIONS

1. [illegible] — [illegible]
2. ENVERMEU — [illegible]
3. TOURVILLE — [illegible]
4. MONTÉROLLIER — [illegible]
5. [illegible] — [illegible]
6. QUEVILLY — [illegible]

[illegible]

[illegible]

OBSERVATION IMPORTANTE POUR LES CULTIVATEURS. — [illegible]

MM. Blanche et Rasset avaient également la direction, bien que le Champ de démonstration l'ait, en fait, de beaucoup emporté sur le Champ témoin comme on peut le voir au tableau qui fournit les détails.

Un accident naturel est venu supprimer dans ce champ le point de comparaison ; le Champ témoin dévasté par les mans ne donne qu'une récolte à peu près nulle, alors que le Champ de démonstration, presqu'entièrement respecté par les mans, grâce aux propriétés insecticides de l'engrais chimique, a produit par hectare une récolte estimée à 496 fr. déduction faite du prix de l'engrais chimique.

Mais, par suite de la destruction du Champ témoin, cette somme de 496 fr. ne représente pas le boni réel. Pour l'obtenir il faut en défalquer les charges de la culture générale, les frais de labour, de loyer, de main d'œuvre, etc., que les cultivateurs apprécieront eux-mêmes.

Au contraire, deux champs n'ont pas rémunéré dans l'année la dépense faite en engrais. Ce sont le Champ de démonstration de Tourville dont le témoin (fumier) l'a emporté de........................ 75 fr.

Le Champ de démonstration de Duclair dont le témoin a donné une plus value de.. 8

A vrai dire, il faut tenir compte, dans les champs qui ont été constitués en perte, que les engrais employés ont été payés à des prix majorés que le praticien peut facilement éviter. C'est ainsi que dans le Champ de démonstration, le plâtre seul a été payé 3 fr. les 100 kil., alors qu'acheté en gros, par livraison de 5,000 kil., on peut se le procurer au prix de 1 fr., transport en plus. D'ailleurs ce plâtre n'est pas indispensable et quand on épand l'engrais à la volée, des praticiens le remplacent par ce qu'ils ont sous la main, sable, terre, etc.

On voit que de ce seul chef, le déficit du champ de Duclair disparaîtrait.

Mais nous n'insisterons pas sur ce point et accepterons les données expérimentales fournies avec tant de conscience par M. Philippe et ses collaborateurs dévoués.

Il n'en demeure pas moins établi que si l'on déduit de la moyenne des bonis, celle des pertes, il reste un boni moyen de 115 fr. par hectare.

La moyenne des dépenses en engrais et frais supplémentaires étant de 148 fr. (1) par hectare : il résulte qu'en 1887 la culture du blé dans les Champs de démonstration a fourni par hectare, pour une avance de 148 fr., un excédent de récolte valant 115 fr.; c'est-à-dire qu'avec un capital de 148 fr. on a eu par hectare un revenu de 115 fr., soit de l'argent placé à 78 %.

Certes, on ne doit pas encore se hâter de conclure. A lui seul, le résultat du Champ de démonstration de Quevilly peut être une exception. Il faut attendre les

(1) Cette dépense n'est même que de 94 fr. par hectare, si l'on retranche de la somme des frais, engrais, la valeur argent du fumier dans le Champ témoin.

mauvaises années ; mais on reconnaîtra combien ces débuts appellent toute l'attention des praticiens, amis du progrès.

OBSERVATIONS GÉNÉRALES

Les résultats acquis cette année sur les Champs de démonstration de la Seine-Inférieure mettent en évidence certains faits qu'il est de mon devoir de faire ressortir et même d'apprécier.

I. C'est le champ de Foucart (n° 1), cultivateur, M. Bailhache, qui a fourni le plus haut rendement : 46 hectolitres avec un boni de 118 fr.

II. C'est le champ de Quevilly (n° 6), cultivateur, M. Lefebvre, qui a donné le plus grand boni : 297 fr. par hectare, avec un rendement de 28 hectolitres de blé.

Il est vrai que dans l'interprétation des résultats de cette culture, M. Lefebvre a laissé supporter au champ *Témoin* (fumier seul) toutes les charges de la fumure au lieu d'en déduire comme l'a fait M. Bailhache, à Foucart, et conformément au dire de la Commission des Champs de démonstration, un tiers de ces charges dont les récoltes suivantes doivent profiter. Mais en cela, M. Lefebvre s'est conformé aux usages des cultivateurs de sa localité qui fument leur culture chaque année. Or, pour rendre plus tangibles les effets produits par l'emploi comparatif des engrais chimiques, il est entendu que la démonstration doit respecter les us et coutumes agricoles de la région. Ce n'est probablement pas sans motifs que les cultivateurs de Quevilly fument chaque année leurs terres. La nature poreuse et peu profonde de leur sol n'est guère propice aux effets prolongés du fumier. Il faut donc répéter la fumure pour avoir une répétition de ses effets.

Au reste, il nous est facile d'apprécier ce que devient le boni de 297 fr. en faisant subir à la fumure de Quevilly la réduction d'un tiers indiquée par la Commission. Ce boni tombe à 233 fr. par hectare. C'est encore un beau résultat, d'autant plus que ce boni minimum est en réalité obtenu avec une avance supplémentaire de 133 fr. seulement (1), c'est-à-dire qu'avec une avance de capital de 133 fr. en engrais chimiques par hectare, dans le Champ de démonstration, on a produit une récolte dont tous les frais payés, comme dans le champ témoin, a laissé un boni minimum de 233 fr., soit un intérêt de 175 fr. pour 100 du capital avancé.

Et cependant la terre de Quevilly est de très médiocre qualité. C'est une terre sablonneuse et peu profonde (0^m15), très accessible à la sécheresse. La fumure au fumier du Champ témoin s'est trouvée paralysée dans son évolution dès les premiers jours de la sécheresse, avant que le blé n'ait acquis assez de développement, pour contrebalancer dans une certaine mesure les effets de sécheresse, par l'ombrage des parties foliacées. Au

(1) 261 fr. d'engrais chimiques, diminués du prix des 2/3 de la fumure (261 — 128 = 133).

contraire, le blé du Champ de démonstration s'étant vigoureusement développé sous l'influence des engrais chimiques employés à haute dose, a pu continuer sa végétation par l'humidité relative du sol qu'entretenait un couvert plus épais.

Rien de semblable pour la terre de Foucart.

Excellente qualité et grande profondeur de la couche arable (1^m à 0^m50). La sécheresse, malgré sa persistance, n'a pu amoindrir l'humidité au point d'empêcher l'assimilation des principes fertilisants du fumier. Aussi le champ témoin a-t-il donné, sous la direction si habile de M. Bailhache, 39 hectolitres de blé à l'hectare.

On voit par ces deux termes de comparaison : terre médiocre de Quevilly, bonne terre de Foucart, quel rôle important joue, en dehors des principes fertilisants contenus dans la terre ou apportés par les engrais, le facteur physique du sol. Mais à part la question de rendement en argent, le résultat du Champ de Quevilly présente un autre intérêt fort grand, c'est qu'on voit poindre la possibilité de combattre dans la pratique cette infériorité des terres légères sensibles à la sécheresse, par l'emploi à *hautes doses* des engrais chimiques d'une certaine composition. Alors que le fumier évolue lentement, ces engrais beaucoup plus solubles agissent avec rapidité, sans compter que quelques-unes de leurs parties constituantes, supersphosphate de chaux, nitrate de soude, chlorure de potassium sont des agents doués d'une certaine déliquescence. Non seulement ils se dessèchent moins facilement, mais ils recupèrent pendant la nuit, en l'empruntant au sol ou à l'air, une partie de l'humidité que la chaleur du jour a pu leur faire perdre.

Les récoltes obtenues pendant une année pluvieuse, pourront un jour nous fixer sur ce point.

III. Un autre enseignement fort instructif est celui qui nous est fourni par la mise en perte du Champ de démonstration de Tourville, près Fécamp. L'habileté du cultivateur, M. Geulin, ne permet pas d'attribuer l'insuccès aux façons incomplètes du sol, à l'époque tardive ou prématurée de l'épandage des engrais. S'il m'était permis d'émettre une opinion, j'attribuerais l'insuccès, qui peut avoir plusieurs causes, principalement à la faible dépense en engrais épandus sur le Champ de démonstration, c'est-à-dire aux doses moyennes d'engrais chimiques employés. L'année 1887 a été favorable aux doses élevées d'engrais. Preuve : Quevilly, Foucard.

On conçoit en effet que, si par suite de la sécheresse, il n'y a qu'une fraction des engrais rendue assimilable pour la plante, plus la dose de ces engrais aura été grande, plus cette fraction sera importante elle-même et pourra subvenir aux besoins entiers de la récolte. Avec 100 fr. d'engrais elle a pu être insuffisante. Mais augmentant du double avec une quantité double d'engrais, elle a pu alors fournir l'alimentation nécessaire au développement de toute la récolte.

Il est à ma connaissance un autre fait probant. Dans

une terre, analogue à celle du Champ de Tourville, on a disposé en 1886-1887 deux parcelles aussi semblables que possible de 1/2 hectare chacune. Elles ont reçu la même quantité de semence de blé et les mêmes engrais, mais ceux-ci en proportion deux fois plus grande dans l'une que dans l'autre. Une parcelle témoin de 1/2 hectare était au fumier seul. Les résultats de la récolte rapportés à l'hectare et comparés à ceux du champ témoin ont été les suivants en argent :

Champ de démonstration à doses modérées d'engrais (100 *fr.*) :

Excédent sur le champ témoin, à *fumier seul*. 19 fr.

Champ de démonstration à hautes doses d'engrais (200 *fr.*) :

Excédent sur le même champ témoin, à *fumier seul* . . . . 108 fr.

ce qui confirmerait l'explication précédente.

Quoiqu'il en soit, nous savons gré à MM. Philippe, Geulin et Prunier, d'avoir dit la vérité.

Au reste, la perte signalée par ces consciencieux collaborateurs n'est pas même aussi importante qu'on pourrait le croire au premier abord. Une partie des engrais chimiques qui n'ont pas été utilisés par la récolte de l'année, servira à la culture suivante, comme cela se passe pour le fumier.

IV. Un autre fait d'une haute importance pour la culture de notre région, c'est celui que met en relief le Champ de Montérollier, cultivateur, M. Rasset. Sans tenir compte ici du boni plus ou moins grand qu'à laissé le Champ de démonstration, le point culminant du résultat, c'est l'action destructive qu'a exercée sur les mans qui abondaient dans les champs, les engrais chimiques employés.

Alors que la récolte en blé sur fumier (champ témoin) a été nulle ou réduite au cinquième de ce qu'elle devait être, celle du Champ de démonstration a pu fournir encore 25 hectolitres de blé. Bien qu'atteint aussi, dans quelques-unes de ses parties, probablement dans celles où l'épandage de l'engrais chimique avait été moins uniforme, le Champ de démonstration a résisté dans son ensemble aux ravages vraiment désastreux des mans.

C'est là un point capital sur lequel il ne saurait y avoir de doute. L'expérience est d'autant plus décisive, que le Champ de démonstration qui mesurait un hectare était enclavé au milieu des deux champs traités au fumier de ferme. Ces deux champs ont été littéralement dévastés par les mans, alors que le champ central, avec engrais chimiques, n'a subi que quelques atteintes. Cette expérience fait honneur à M. Rasset.

Il reste maintenant à établir lequel des ingrédients, phosphates, sels d'ammoniaque et de potasse dont était composé l'engrais chimique qui a le plus participé à la préservation du champ. C'est ce que les essais en voie d'exécution, que M. Rasset a bien voulu entreprendre sur ma demande, nous apprendront l'année prochaine.

Mais dès aujourd'hui, la pratique culturale peut

ajouter à l'emploi du rouleau, pour diminuer dans une certaine mesure les dégâts causés par les mans, l'application plus efficace des engrais chimiques à base de superphosphates, de sulfate d'ammoniaque, de sulfate de magnésie et de chlorure de potassium.

V. On a vu plus haut combien la dépense en engrais chimiques dans les champs de Montérollier et d'Envermeu s'est trouvée affaiblie en comparaison de celle constatée pour les champs de Quevilly et de Foucart. La raison en est fort simple. Dans le Champ de démonstration de Montérollier, il n'a été mis que du phosphate de chaux sans addition de sels d'ammoniaque et de potasse, et dans le champ d'Envermeu il n'a été épandu que du sulfate d'ammoniaque : c'est-à-dire que dans ces deux Champs de démonstration, il n'a été fait usage que d'engrais complémentaire et non d'engrais complet. Cette manière d'opérer est économique, mais elle ne se justifie que lorsque le cultivateur connaît assez sa terre pour savoir qu'elle est suffisamment pourvue, soit de matières azotées et de potasse, comme ce serait le cas pour le champ de Montérollier, soit d'acide phosphorique et de potasse comme on peut le supposer pour le champ d'Envermeu. C'est qu'en effet, au dire de M. Gautier, le professeur départemental qui, avec le concours si précieux de M. Breton, cultivateur, a la direction du champ d'Envermeu, la terre sur laquelle ils ont opéré avait reçu l'année précédente, mais sans amélioration notable dans la récolte, une provision suffisante de phosphates. Cet engrais complémentaire n'ayant pas été absorbé par la récolte, il était logique de ne pas en renouveler la provision pour la culture du blé.

En principe, il est indispensable de mettre en azote, acide phosphorique et potasse, la dose de restitution, quand la terre a la composition d'une terre fertile. Autrement, si l'on se contentait, dans un but d'économie, que de ne restituer à la terre qu'un des éléments fertilisants enlevés par la récolte, on l'épuiserait. L'argent que le fermier ne tirerait pas de sa poche, c'est le propriétaire du sol qui le lui fournirait.

VI. Une conséquence des résultats fournis cette année par les Champs de démonstration, c'est que par l'emploi de l'*Engrais chimique complet*, il a fallu pour obtenir une récolte de blé rémunératrice faire au sol une avance de 200 fr. par hectare.

Les bonis ont été considérables, et l'opération a été une excellente affaire. Mais enfin, il faut bien reconnaître que cette avance de 200 fr. n'est pas à la portée de tous les cultivateurs. Je sais bien qu'il en est de l'agriculture comme des autres métiers. Il faut, pour avoir des chances de réussite, posséder d'abord le capital nécessaire aux besoins de l'entreprise. Ce capital est fort variable pour les différents corps d'état. Il varie même pour chaque spécialité, suivant qu'elle s'exerce sur une petite ou sur une grande échelle.

Jusqu'à nouvel ordre, un esprit judicieux hésiterait à conseiller au petit cultivateur, encore novice dans l'art de distribuer les phosphates, les nitrates et les sels ammoniacaux, de faire d'emblée une avance de 200 fr. d'engrais par hectare. Il faut commencer en petit l'application de ces ingrédients, si l'on veut éviter les mécomptes qu'on observe parfois dans les premiers essais.

La nature de ces engrais et leurs doses, qui doivent être appropriées à la culture qu'on entreprend, leur mélange intime, leur épandage uniforme, exigent des soins élémentaires, sans doute, mais qu'on n'acquiert qu'avec la pratique. C'est imprudent d'en faire l'apprentissage avec une avance d'argent trop forte. Dans toute innovation, il y a la période des tâtonnements.

Il faut donc commencer sur de petites surfaces pour opérer avec économie. Ce n'est pas toujours sans raison qu'on entend dire dans les campagnes que l'argent non dépensé est le premier gagné. Sans doute, il est difficile de produire quelque chose avec rien. Mais ce qu'on doit chercher tout d'abord, c'est de limiter l'emploi de son capital au plus strict nécessaire, et de réunir les meilleures garanties pour le faire fructifier, en écartant, autant que possible, les chances de perte.

VII. C'est pour répondre à ce besoin des petits cultivateurs, c'est-à-dire au besoin de ceux qui ne disposent pas du capital exigé par les grands rendements, que je leur conseille de restreindre leurs sacrifices à obtenir seulement de leur terre *un peu plus* de rendement.

Sans augmenter leur production de fumier, limitée aussi par le bétail qu'ils élèvent ou qu'ils emploient, ils peuvent, avec peu de dépenses, enrichir leur fumier de principes fertilisants : acide phosphorique et azote.

Pour cela, ils n'ont qu'à ajouter par jour et par tête de bétail, 1 kil. à 1 kil. 1/2, selon leurs moyens, de phosphate fossile en poudre fine, titrant environ 16 °/₀ d'acide phosphorique total, et coûtant 2 fr. 50 les 100 kil., par wagon de 5,000 kil. (frais de transport en plus). M. Joulie, fort compétent dans ces questions, et auquel la culture doit de si utiles travaux, indique 7 à 10 kilog. par tombereau d'un mètre cube de fumier. Le moyen le plus simple pour faire cette addition, consiste à épandre le phosphate par couches sur le fumier au moment où on le sort des écuries pour le mettre en tas.

Le blé cultivé par ce fumier résistera bien plus à la verse que celui venu sur fumier ordinaire. De là, une première chance en leur faveur.

L'emploi comme semence de variétés de blé à tige rigide (Schériff à épi carré, blé de Bordeaux, etc.) concourt puissamment à diminuer cette cause de verse.

D'ailleurs, le phosphate ajouté ne disparaît pas ; l'année n'aurait-elle pas été favorable que les cultures suivantes le retrouveraient dans le sol. C'est une avance de fonds, ce n'est jamais une perte. Nouvelle garantie : Le phosphate fossile apporte, en outre, l'élément cal–

caire qui est toujours utile aux plantes; il est même indispensable d'en ajouter dans les sols qui n'en contiennent pas ou qui en ont été appauvris par les récoltes. De là, l'origine du chaulage et du marnage. A l'état de carbonate (marne), c'est le plus puissant et le plus économique des nitrificateurs, c'est-à-dire des agents qui rendent l'azote organique du fumier, des tourteaux, etc., assimilables par les végétaux. Pas de carbonate de chaux, pas d'assimilation de l'azote des engrais organiques, ni même de l'azote du sulfate d'ammoniaque (Dehérain). C'est ce qui explique l'insuccès de ce dernier engrais employé sur certaines terres. Donc, par l'emploi du phosphate fossile en poudre fine, nouvelle chance en faveur d'un meilleur rendement.

L'humidité du sol exerce une grande influence sur la nitrification. Des sols même calcaires, mais ne résistant pas à la sécheresse, par suite de la faible profondeur de la couche arable, sont exposés à ne pas faire utiliser par les plantes tout l'azote épandu sous forme organique ou de sel ammoniacal. Dans ces cas, l'emploi du nitrate de soude est tout indiqué, mais seulement en épandage au printemps. C'est donc un remède contre les sols qui ne nitrifient pas : quatrième garantie. Aujourd'hui, il faut raisonner la pratique agricole, pour mettre de son côté les meilleures chances de récolte rémunératrice. Le succès est au plus actif, au plus clairvoyant.

On vient de voir comment il est possible au cultivateur peu fortuné, se contentant d'un peu plus de rendement au lieu d'un grand rendement, d'enrichir économiquement son fumier d'acide phosphorique.

Exposons comment il peut l'enrichir d'azote à bon marché.

En général, l'alimentation des animaux de la ferme n'est pas assez azotée. En ajoutant à la ration quotidienne 1 kil. à 1 kil. 1/2 de tourteau par tête de bétail, on augmente les propriétés nutritives de la ration. C'est une dépense, il est vrai, mais c'est une dépense sûrement productive, car cette addition de tourteau augmente le rendement de l'animal en viande ou en lait, dont le prix de vente couvre presque le prix du supplément de nourriture. D'autre part, on sait, d'après les importants travaux de M. Jules Reiset (1857), que sur 100 d'azote alimentaire absorbés par l'animal, il y en a environ 70 qu'il ne fixe pas et qui se retrouvent en grande partie dans le fumier. On peut donc baser sur ce principe scientifique, une méthode rationnelle d'alimentation au point de vue, tout à la fois, de l'augmentation des produits de l'animal et d'une production d'azote-engrais à bon marché.

C'est ce que font, d'ailleurs, certains praticiens. Ils justifient ainsi la réponse d'un fermier à une demande de M. Risler, l'éminent directeur de l'Institut agronomique de Paris : *Quand je donne du pain d'huile (tourteau) au bétail, je paie mon propriétaire ; quand je ne lui en donne pas, je ne puis payer mon propriétaire*. Ce qui veut dire en bon français : fumier riche en principes fertilisants, azote, acide phosphorique, etc., bonnes récoltes ; fumier pauvre, pauvres récoltes.

VIII. Mais en dehors de ces données expérimentales, il existe des éléments de succès que le praticien ne doit pas perdre de vue.

C'est d'abord de mieux utiliser ce qu'il a sous la main. D'attendre le moins longtemps possible l'apport du fumier sur les champs, car, à mesure que le fumier fermente dans la fosse, il s'appauvrit en azote (Reiset). D'apporter tous ses soins à la confection de ce fumier, lorsqu'on est obligé de le garder jusqu'à l'époque de son épandage, de l'arroser, dans les temps de sécheresse, avec le purin, et de ne pas laisser couler ce dernier, comme on ne le voit encore que trop souvent, soit dans les mares, dont il corrompt l'eau, soit dans les chemins. Puis surtout, quand on cultive d'une manière rationnelle, de se rendre compte de ce qu'on apporte sur la terre en principes fertilisants, quand on y épand 20, 25, 30,000 kil. de fumier par hectare ; car il y a fumier et fumier. J'ai eu l'occasion d'analyser deux fumiers de ferme également demi-consommés qui m'étaient adressés par deux praticiens A et B, avec la mission d'en déterminer le titre en azote *dans l'état où les fumiers se trouvaient*. Le fumier A, titrait en nombre rond 4 d'azote pour 1,000 kil. de fumier, et le fumier B, 6 d'azote pour 1,000 kil. N'aurait-on pas été porté à croire que le premier était moins riche que le second? En réalité, c'était le contraire, car le fumier A contenait 80 °/₀ d'eau et le fumier B, 60 °/₀. Comparés l'un à l'autre au même degré de siccité à 100°, l'azote était de 20 pour 1,000 kil. dans le fumier A, et de 15 seulement dans le fumier B. Autrement dit, pour équivaloir à une fumure de 20,000 kil. de fumier moyen à 75 °/₀ d'eau, par hectare, il fallait employer 25,000 kil. de fumier A, et seulement 16,000 kil. du fumier B ; soit une différence de 9,000 kil. que le cultivateur, dans l'ignorance de cette donnée, aurait mis en trop ou en moins.

On voit déjà de quelle importance est la détermination de l'humidité dans les fumiers dont on veut comparer la valeur.

Cette connaissance est non moins indispensable pour ceux qui, ayant besoin d'un supplément de fumier pour leurs terres, veulent participer à l'adjudication des fumiers qui se fait dans les grandes villes. C'est toujours opérer en aveugle, que de ne pas tenir compte de cette donnée. Il y a dans la culture assez d'influences imprévues, et hors de la portée des intéressés, pour qu'ils ne cherchent pas à se garantir contre celles qu'il leur est facile de connaître et de mesurer.

C'est encore là, le service que peut leur rendre la Station agronomique de Rouen qui, du jour au lendemain, est à même de leur expédier la dose d'humidité que contient leur fumier (1).

(1) Il suffit d'envoyer à la Station environ 500 grammes d'un échantillon moyen.

Pour obtenir cet échantillon moyen de fumier, on prélève avec une

Cette détermination est également nécessaire au praticien pour exprimer en argent la valeur des fumiers.

Il lui est utile de savoir s'il a plus d'intérêt d'acheter tel fumier plutôt que tel autre et même à ne pas en acheter du tout, s'il trouve à meilleur marché dans les engrais chimiques, et, à titre de complément du fumier, l'équivalent des principes fertilisants : azote, potasse, acide phosphorique.

Aussi, j'espère que l'agriculteur soucieux de se rendre compte de ce qu'il fait, pourra toujours consulter avec fruit, pour ses intérêts, le tableau ci-joint, dans lequel a été inscrit :

1° La teneur en principes fertilisants : azote, acide phosphorique, potasse des fumiers d'origines diverses et à doses d'humidité variables ;

2° La valeur approximative en argent de ces fumiers pour un degré d'humidité déterminé ;

3° La quantité d'un fumier qu'il faut employer à l'état plus ou moins humide pour équivaloir à 20,000^k d'un fumier moyen à 75 °/₀ d'eau.

Sans doute, l'analyse exacte du fumier à employer fournit une donnée plus certaine, et c'est à elle qu'on doit recourir pour avoir des renseignements précis. Mais, dans un grand nombre de cas, la pratique agricole peut utiliser les données approximatives du

fourche diverses prises de cet engrais, en haut, en bas, au centre et sur les côtés du fumier. Plus les prises sont nombreuses, plus l'échantillon moyen a de valeur. Ces diverses prises sont bien mélangées entre elles, et, finalement, on en prend un échantillon d'environ 5 kilogrammes, qu'on hache menu avec le couperet et dont on mélange encore toutes les parties.

STATION AGRONOMIQUE DE LA SEINE-INFÉRIEURE. — Siège à Rouen : [illegible]

TABLEAU résumant la composition [illegible] le degré d'humidité et la valeur approximative en argent de quelques Fumiers employés dans la Seine-Inférieure, ainsi que les quantités à employer par hectare pour une fumure équivalant à 20,000 k. de Fumier moyen à 75 % d'Eau

par M. A. HOUZEAU

	Desséché à 100°			à 55 % d'eau					à 60 % d'eau				
	[illegible]	[illegible]	[illegible]	Az	KO	PO5	[illegible]	[illegible]	Az	KO	PO5	[illegible]	[illegible]
[illegible] des Travaux de Rouen (station agronomique)	[illegible]	10.9	12.6	[illegible]	7.0	5.8	15.12	[illegible]	[illegible]	6.5	5.1	13.71	[illegible]
[illegible]	[illegible]	4.0	3.5	4.1	2.2	1.6	5.11	21 186	[illegible]	1.96	1.4	[illegible]	26 154
[illegible]	22.0	16.8	10.4	9.0	7.56	[illegible]	13.65	[illegible]	[illegible]	6.74	4.16	12.10	11 200
[illegible]	15.0	10.85	6.07	7.15	[illegible]	3.11	[illegible]	[illegible]	6.30	4.34	2.74	8.40	[illegible]
[illegible]	[illegible]	[illegible]	14.7	10.1	14.8	6.61	16.60	[illegible]	[illegible]	13.2	5.2	11.82	11 381
[illegible]	[illegible]	15.5	17.9	[illegible]	6.98	1.05	19.95	[illegible]	[illegible]	6.2	8.8	17.80	[illegible]
[illegible]	[illegible]	21.25	[illegible]	[illegible]	10.9	7.33	[illegible]	[illegible]	[illegible]	9.7	8.35	16.31	9 332
[illegible]	**20.6**	**24.9**	**12.4**	**9.2**	**11.2**	**5.6**	**14.60**	**11 087**	**8.7**	**9.9**	**4.95**	**12.80**	**12 448**
[illegible]	[illegible]	25.8	7.2	7.02	9.36	4.21	[illegible]	[illegible]	[illegible]	8.33	2.9	9.82	[illegible]
[illegible]	[illegible]	28.0	11.0	9.9	12.6	6.3	11.62	[illegible]	[illegible]	11.2	5.6	13.15	[illegible]
[illegible]	25.1	25.6	[illegible]	[illegible]	11.5	7.2	[illegible]	[illegible]	16.6	10.2	8.4	[illegible]	9 023

	à 65 % d'eau					à 70 % d'eau				
	Az	KO	PO5	[illegible]	[illegible]	Az	KO	PO5	[illegible]	[illegible]
[illegible] des Travaux de Rouen (station agronomique)	9.1	5.7	4.5	12.03	[illegible]	7.8	4.9	3.8	9.71	[illegible]
[illegible]	3.5	1.7	1.2	4.34	[illegible]	2.5	1.5	1.05	3.64	[illegible]
[illegible]	7.7	5.9	[illegible]	[illegible]	13 247	6.6	5.04	3.12	9.08	[illegible]
[illegible]	5.6	3.09	2.12	7.16	21 195	[illegible]	3.27	2.48	6.36	[illegible]
[illegible]	[illegible]	11.5	5.1	[illegible]	[illegible]	6.7	9.9	4.4	11.15	[illegible]
[illegible]	12.40	[illegible]	[illegible]	15.32	[illegible]	10.5	4.6	5.1	[illegible]	[illegible]
[illegible]	10.6	[illegible]	[illegible]	11.71	[illegible]	8.6	7.30	4.75	[illegible]	[illegible]
[illegible]	**7.14**	**8.7**	**4.3**	**11.20**	**16 286**	**6.1**	**7.4**	**3.7**	**9.60**	**17 049**
[illegible]	[illegible]	[illegible]	[illegible]	[illegible]	[illegible]	4.7	[illegible]	2.16	[illegible]	[illegible]
[illegible]	7.0	[illegible]	[illegible]	[illegible]	[illegible]	[illegible]	8.4	1.2	[illegible]	[illegible]
[illegible]	9.21	[illegible]	5.6	[illegible]	[illegible]	[illegible]	7.7	1.8	11.70	[illegible]

	à 75 % d'eau					à 80 % d'eau					à 85 % d'eau				
	Az	KO	PO5	[illegible]	[illegible]	Az	KO	PO5	[illegible]	[illegible]	Az	KO	PO5	[illegible]	[illegible]
[illegible] des Travaux de Rouen (station agronomique)	6.5	4.0	3.2	[illegible]	[illegible]	[illegible]	[illegible]	2.6	6.86	[illegible]	[illegible]	2.4	1.9	3.11	[illegible]
[illegible]	2.4	1.2	0.9	[illegible]	[illegible]	[illegible]	[illegible]	0.7	2.45	[illegible]	1.5	0.7	0.5	1.85	[illegible]
[illegible]	5.5	4.2	2.6	[illegible]	[illegible]	[illegible]	3.36	[illegible]	[illegible]	[illegible]	[illegible]	2.5	1.50	4.51	[illegible]
[illegible]	3.95	2.7	1.75	5.75	[illegible]	[illegible]	2.17	[illegible]	[illegible]	[illegible]	2.1	1.63	[illegible]	[illegible]	[illegible]
[illegible]	5.6	8.2	3.7	[illegible]	[illegible]	1.5	[illegible]	[illegible]	[illegible]	[illegible]	[illegible]	4.95	[illegible]	[illegible]	[illegible]
[illegible]	8.75	3.9	4.25	[illegible]	[illegible]	[illegible]	[illegible]	[illegible]	[illegible]	[illegible]	[illegible]	2.32	[illegible]	[illegible]	[illegible]
[illegible]	7.17	6.05	3.97	[illegible]	[illegible]	[illegible]	[illegible]	[illegible]	[illegible]	[illegible]	[illegible]	[illegible]	[illegible]	[illegible]	[illegible]
[illegible]	**5.1**	**6.2**	**3.1**	[illegible]	**20 000**	**4.1**	**5.0**	**2.5**	**6.59**	**24 875**	**3.1**	**3.7**	**1.9**	**4.80**	**32 902**
[illegible]	3.9	5.2	1.8	[illegible]	[illegible]	[illegible]	[illegible]	[illegible]	[illegible]	[illegible]	[illegible]	3.12	[illegible]	[illegible]	[illegible]
[illegible]	5.0	7.0	3.5	[illegible]	[illegible]	[illegible]	[illegible]	[illegible]	[illegible]	[illegible]	3.9	4.2	2.1	[illegible]	[illegible]
[illegible]	6.6	6.4	4.0	9.75	[illegible]	[illegible]	[illegible]	[illegible]	[illegible]	[illegible]	[illegible]	3.84	[illegible]	[illegible]	[illegible]

Prise d'un Échantillon moyen de Fumier. — [illegible]

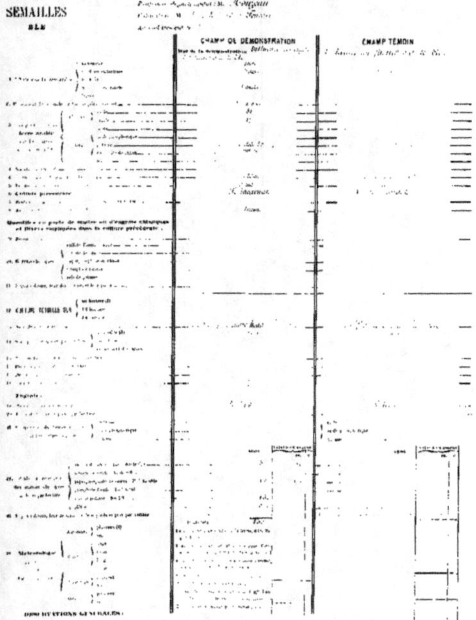

STATION AGRONOMIQUE DE LA SEINE-INFÉRIEURE

TABLEAUX ET NOTES DE TRAVAIL

Année 1886-1887

SEMAILLES

BLÉ

CHAMP DE DÉMONSTRATION

CHAMP TÉMOIN

OBSERVATIONS GÉNÉRALES :

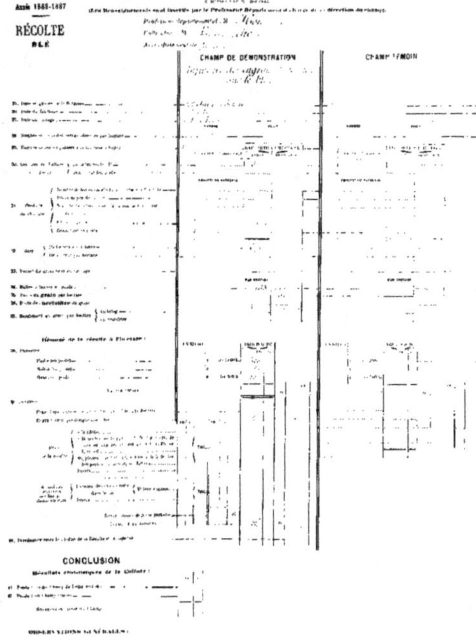

STATION AGRONOMIQUE DE LA SEINE-INFÉRIEURE

TABLEAUX ET NOTES DE TRAVAIL

Année 1886-1887

RÉCOLTE

BLÉ

CHAMP DE DÉMONSTRATION

CHAMP TÉMOIN

CONCLUSION

OBSERVATIONS GÉNÉRALES :

STATION AGRONOMIQUE DE LA SEINE-INFÉRIEURE

TABLEAUX ET NOTES DE TRAVAIL

Année 1886-1887

SEMAILLES

BLÉ

CHAMP DE DÉMONSTRATION	CHAMP TÉMOIN
Influence chimique	Influence des engrais chimiques

Quantités en poids de fumier ou d'engrais chimiques et fiches employées dans la culture précédente :

OBSERVATIONS GÉNÉRALES :

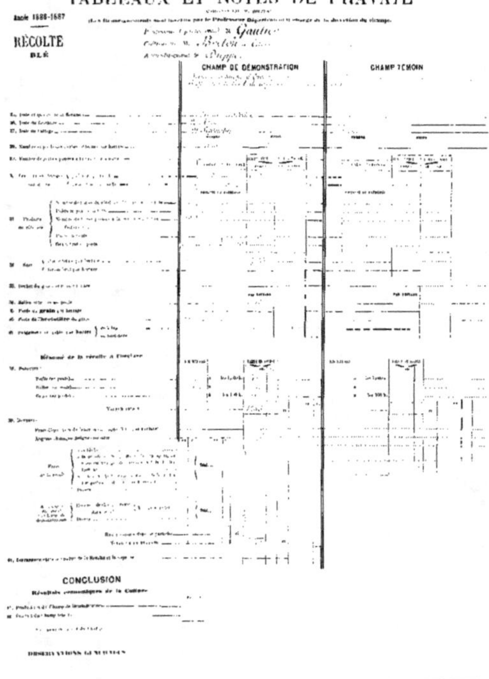

STATION AGRONOMIQUE DE LA SEINE-INFÉRIEURE

TABLEAUX ET NOTES DE TRAVAIL

Année 1886-1887

RÉCOLTE

BLÉ

CHAMP DE DÉMONSTRATION	CHAMP TÉMOIN

Résumé de la récolte à l'hectare

CONCLUSION

Résultats économiques de la Culture

OBSERVATIONS GÉNÉRALES

STATION AGRONOMIQUE DE LA SEINE-INFÉRIEURE

Siège à ROUEN, route de Caen et rue des Mont-Saint-Yves

TABLEAUX ET NOTES DE TRAVAIL

1886-1887

AILLES

BLÉ

Professeur départemental, M. Philippe

Cultivateur, M. Genlin à Teurville près Fécamp

Arrondissement du Havre.

CHAMP DE DÉMONSTRATION — CHAMP TÉMOIN

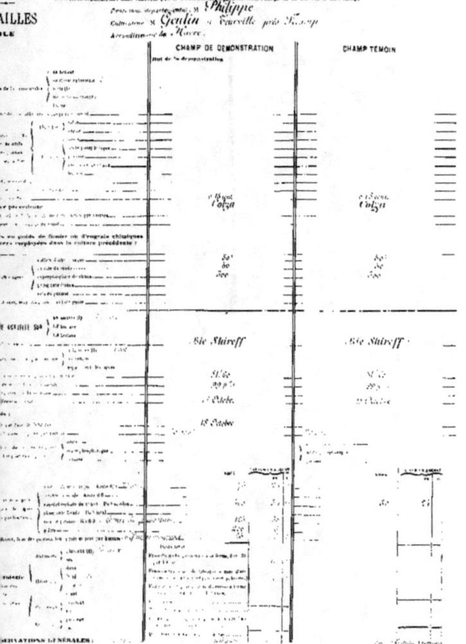

Colza — Colza

Blé Shireff — Blé Shireff

OBSERVATIONS GÉNÉRALES :

STATION AGRONOMIQUE DE LA SEINE-INFÉRIEURE

Siège à ROUEN, route de Caen et rue des Mont-Saint-Yves

TABLEAUX ET NOTES DE TRAVAIL

Année 1886-1887

RÉCOLTE

BLÉ

Professeur départemental, M. Philippe

Cultivateur, M. Genlin à Teurville près Fécamp

Arrondissement du Havre.

CHAMP DE DÉMONSTRATION — CHAMP TÉMOIN

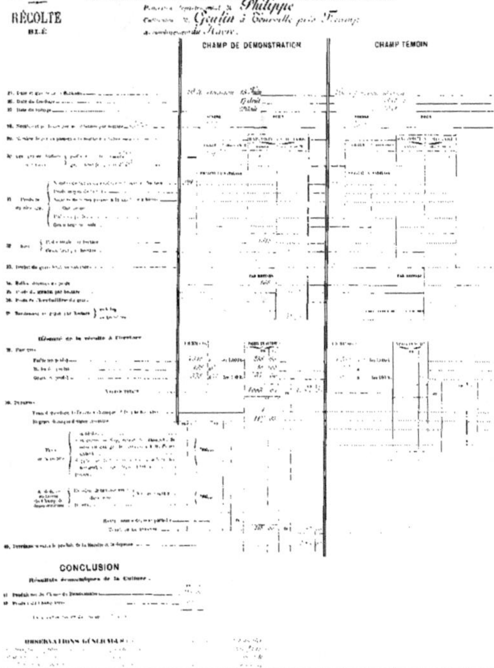

CONCLUSION

Résultats économiques de la Culture.

OBSERVATIONS GÉNÉRALES :

STATION AGRONOMIQUE DE LA SEINE-INFÉRIEURE

Siège à ROUEN

TABLEAUX ET NOTES DE TRAVAIL

SEMAILLES

BLÉ

Professeur départemental : M. *Blanche*

Cultivateur : M. *Rasset à Montérollier*

Arrondissement de *Neufchâtel-en-Bray*

	1er CHAMP DE DÉMONSTRATION	CHAMP TÉMOIN
But de la démonstration		
Nature de la terre	*3e classe* *moyenne*	*3e classe* *moyenne*
	Trèfle & Minette	*Trèfle & Minette*
	Golden drop	*Golden drop*
	complet	*complet*

STATION AGRONOMIQUE DE LA SEINE-INFÉRIEURE

TABLEAUX ET NOTES DE TRAVAIL

RÉCOLTE

BLÉ

Professeur départemental : M. *Blanche*

Cultivateur : M. *Rasset à Montérollier*

Arrondissement de *Neufchâtel-en-Bray*

	1er CHAMP DE DÉMONSTRATION	CHAMP TÉMOIN
Date du fauchage	*11 Août*	*11 Août*
Date du battage	*26 Août*	*26 Août*

CONCLUSION

Résultats économiques de la Culture

OBSERVATIONS GÉNÉRALES

REMARQUE

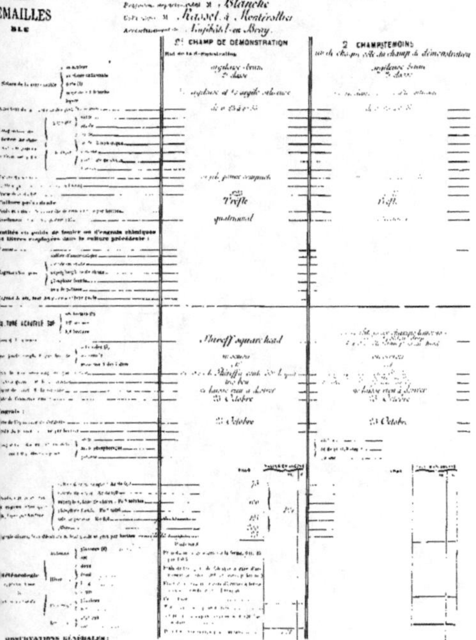

STATION AGRONOMIQUE DE LA SEINE-INFÉRIEURE

TABLEAUX ET NOTES DE TRAVAIL

[illegible] 1886-1887

[S]EMAILLES

BLÉ

Professeur départemental M. Blanche

Cultivateur M. Rasset à Montérollier

Arrondissement de Neufchâtel-en-Bray.

2e CHAMP DE DÉMONSTRATION

2 CHAMPS TÉMOINS

Trèfle

quatrenand

Shireff square head

23 Octobre

23 Octobre

OBSERVATIONS GÉNÉRALES :

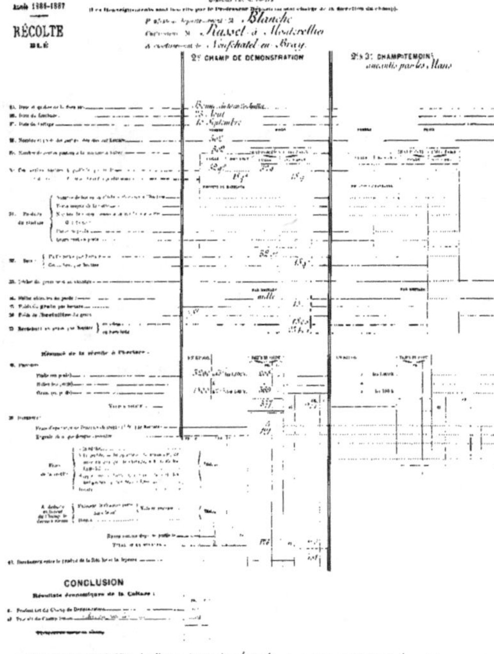

STATION AGRONOMIQUE DE LA SEINE-INFÉRIEURE

TABLEAUX ET NOTES DE TRAVAIL

Année 1886-1887

RÉCOLTE

BLÉ

Professeur départemental M. Blanche

Cultivateur M. Rasset à Montérollier

Arrondissement de Neufchâtel en Bray.

2e CHAMP DE DÉMONSTRATION

2e & 3e CHAMPS TÉMOINS anéantis par les [illegible]

23 Août

[illegible] Septembre

CONCLUSION

Résultats économiques de la Culture :

OBSERVATIONS GÉNÉRALES :

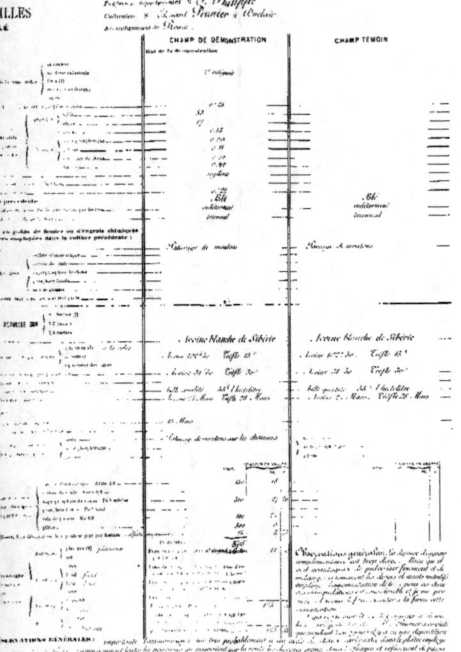

STATION AGRONOMIQUE DE LA SEINE-INFÉRIEURE

TABLEAUX ET NOTES DE TRAVAIL

Année 1886-1887

RÉCOLTE

BLÉ

M. J. Philippe

Edouard Prunier à Duclair.

Rouen.

	CHAMP DE DÉMONSTRATION	CHAMP TÉMOIN
	Avec engrais chimiques	Sans engrais chimiques
	Bonne	Bonne
	2 Août	2 Août
	10 Août	10 Août

CONCLUSION

Résultats économiques de la Culture :

OBSERVATIONS GÉNÉRALES : Le résultat économique n'est pas absolument ... bien tenir compte de la dépense ... Les engrais complémentaires ... Le résultat est ... en faveur de l'emploi des engrais complémentaires.

STATION AGRONOMIQUE DE LA SEINE-INFÉRIEURE

Siège à ROUEN, route de Caen et rue des Mare-Saint-Yon.

TABLEAUX ET NOTES DE TRAVAIL

Année 1886-1887

SEMAILLES

BLÉ

Professeur départemental : M. *Houzeau*

Cultivateur : M. *Lefebvre à Quevilly.*

Arrondissement de *Rouen.*

	CHAMP DE DÉMONSTRATION	CHAMP TÉMOIN
But de la démonstration	*A défaut de fumier, on peut obtenir de fortes récoltes sans fumier.*	*Avec fumier*
Nature de la terre arable	*gris jaune*	
	très légère et sablonneuse	*très légère et sablonneuse*
Sous-sol	*sablonneux*	*sablonneux*
	E.O.	*E.O.*
Culture précédente	*Pommes de terre*	*Pommes de terre*
	moyenne	*moyenne*
	triennal	*triennal*
Fumier	*moyenne*	*moyenne*
Engrais chimiques	*rien*	*rien*
	à la volée	*à la volée*
	bon	*bon*
	bon	*bon*
	le 10 Nov.	*le 10 Nov.*
	11 Novembre	*11 Novembre*
		fumier de cavalerie

Météorologie : *pluvieux* — *froid* — *très long*

32000 k à 5 fr les 1000 le mètre cube pesant … frais et non lassé 160 k transport charriage et épandage aux champs

	160
	32
	192

OBSERVATIONS GÉNÉRALES : *A Quevilly comme il est d'usage de fumer toutes les récoltes dans ces conditions, on voit qu'il … de la fumure appliquée … pour le surplus du champ de démonstration … dans le calcul des résultats de la récolte rapportés à l'hectare.*

NOTA. [illegible]

STATION AGRONOMIQUE DE LA SEINE-INFÉRIEURE

Siège à ROUEN, route de Caen et rue des Mare-Saint-Yon.

TABLEAUX ET NOTES DE TRAVAIL

Année 1886-1887

RÉCOLTE

BLÉ

Professeur départemental : M. *Houzeau*

Cultivateur : M. *Lefebvre à Quevilly*

Arrondissement de *Rouen.*

	CHAMP DE DÉMONSTRATION	CHAMP TÉMOIN
25. Date et [illegible]	*6 Juillet*	*6 Juillet*
26. Date du fauchage	*1er et 2 Août*	*1er et 2 Août*
27. Date du battage	*13 et 14 Août*	*13 et 14 Août*

Résumé de la récolte à l'hectare :

CONCLUSION

Résultats économiques de la Culture :

OBSERVATIONS GÉNÉRALES : *En comptant les frais généraux … par hectare le champ de démonstration donne comme bénéfice … le champ témoin donne comme perte …*

www.ingramcontent.com/pod-product-compliance
Lightning Source LLC
LaVergne TN
LVHW012017160826
845678LV00002B/877

* 9 7 8 2 3 2 9 6 7 0 1 1 9 *